U0111089

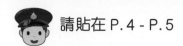 請貼在 P.4 - P.5

POLICE STATION

請貼在 P.6 - P.7

 請貼在 P.10 - P.11

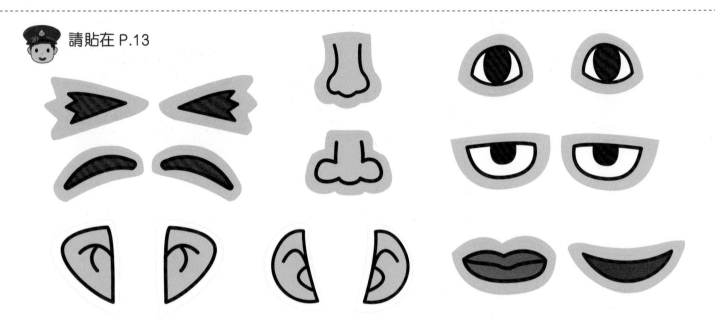 請貼在 P.13

 請貼在 P.16 - P.17

 請貼在 P.16 - P.17

 請貼在 P.18 - P.19

請貼在 P.20

 請貼在 P.21

 請貼在「做得好！」上

小小夢想家
貼紙遊戲書
警察

新雅文化事業有限公司
www.sunya.com.hk

小小夢想家貼紙遊戲書
警察

編　　　寫：新雅編輯室
插　　　圖：麻生圭
責任編輯：劉慧燕
美術設計：李成宇
出　　　版：新雅文化事業有限公司
　　　　　　香港英皇道 499 號北角工業大廈 18 樓
　　　　　　電話：(852) 2138 7998
　　　　　　傳真：(852) 2597 4003
　　　　　　網址：http://www.sunya.com.hk
　　　　　　電郵：marketing@sunya.com.hk
發　　　行：香港聯合書刊物流有限公司
　　　　　　香港荃灣德士古道 220-248 號荃灣工業中心 16 樓
　　　　　　電話：(852) 2150 2100
　　　　　　傳真：(852) 2407 3062
　　　　　　電郵：info@suplogistics.com.hk
印　　　刷：中華商務彩色印刷有限公司
　　　　　　香港新界大埔汀麗路 36 號
版　　　次：二〇一五年四月初版
　　　　　　二〇二二年三月第七次印刷
版權所有·不准翻印

ISBN: 978-962-08-6277-9
© 2015 Sun Ya Publications (HK) Ltd.
18/F, North Point Industrial Building, 499 King's Road, Hong Kong
Published in Hong Kong, China
Printed in China

小小夢想家，你好！我是一位警察。你想知道警察的工作是怎樣的嗎？請你玩玩後面的小遊戲，便會知道了。

警察小檔案

工作地點：警察局、案發現場

主要職責：維持社會秩序，保障市民安全

性格特點：守紀律、勇敢、富正義感

警察上班了

　　警察要到警署上班了！請從貼紙頁中選出貼紙貼在下面適當位置。

警察的工作

警察的職務有很多。看看下面的情況，哪些需要警察的幫忙呢？請在正確的 ☐ 內貼上 貼紙。

1.

2.

3.
快給我錢！

4.

5.

6.

7.

警察會在街上巡邏，遇上突發事件便會馬上行動。

警察的裝備

　　警察有各種裝備，輔助他們執行不同職務。下面哪些是警察的裝備？請在 ☐ 內加 ✔。

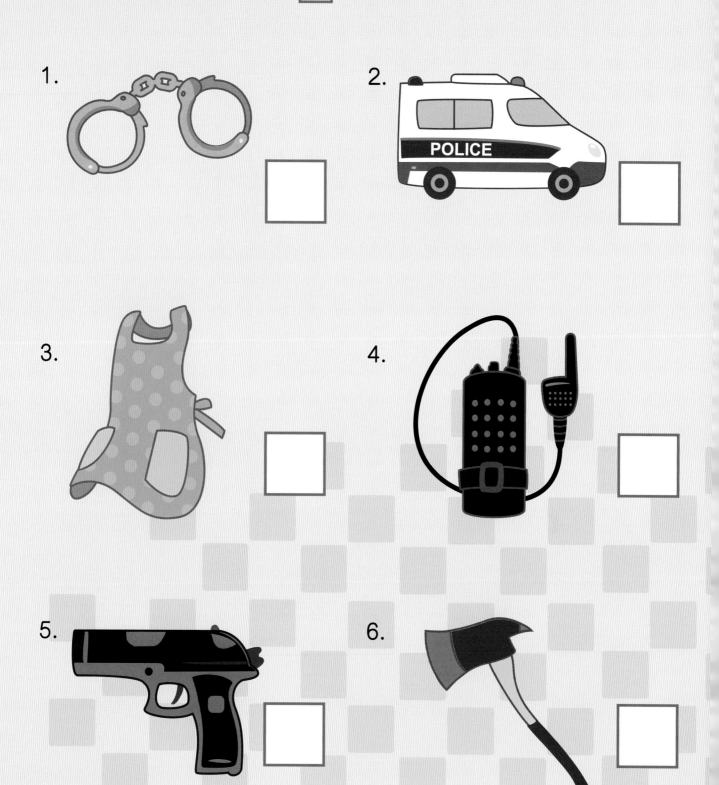

1.

2.

POLICE

3.

4.

5.

6.

追捕賊人

　　有人搶劫啊！小朋友，請你畫出路線，帶領警察走出迷宮，把賊人捉住吧！

起點

終點

捉拿小偷

　　警察收到可靠線報，有五個小偷進了服裝店偷竊。請你仔細看看下面的服裝店裏誰是小偷，把  貼紙貼在他們身上。

做得好！

10

偵查盜竊案

警察要偵查一宗家居盜竊案。請你把下面圖畫的代表字母，按事情發生的正確順序填在 ☐ 內，把案情重組起來。

A.

B.

C.

D.

☐ → ☐ → ☐ → ☐

嫌疑犯的容貌

　　家居盜竊案發生後，警察安排了一位目擊者來警署協助調查。請看看她怎樣形容賊人的樣貌，把相應的面部器官貼紙貼在人臉上的適當位置。

眼眉　　　　眼睛

嘴巴　　鼻子　　耳朵

13

警犬出擊!

警察派出警犬到一個犯罪集團的藏身地點搜尋線索。三隻警犬都有所發現,請完成下面的「畫鬼腳」遊戲,看看牠們分別找到什麼,把警犬的代表字母填在 ◯ 內。

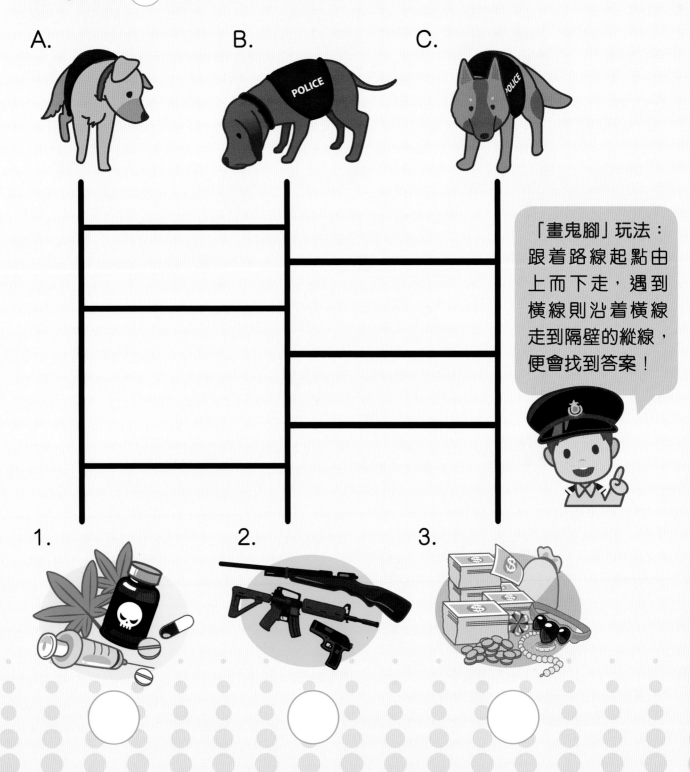

「畫鬼腳」玩法:跟着路線起點由上而下走,遇到橫線則沿着橫線走到隔壁的縱線,便會找到答案!

辨認嫌疑犯

警察從閉路電視中看到三個嫌疑犯的身影，請你找出這些身影是誰，把代表答案的英文字母圈起來。

做得好！

1.
A.
B.
C.

2.
A.
B.
C.

3.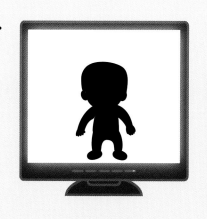
A.
B.
C.

防盜安全須知

　　警察向我們講解有關家居防盜和保管個人財物的知識。請你根據文字，把相應的貼紙貼在虛線框內。

家居防盜

避免在家裏存放貴重物品或大額現金

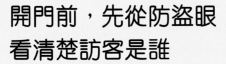

開門前，先從防盜眼看清楚訪客是誰

外出時應鎖好門窗

人多擁擠時，背包應放在身體前方

財物應貼身看管

手提電話等貴重財物應放在手袋內格

在馬路上

交通燈壞了，交通警察要站在馬路上維持秩序。
請從貼紙頁中選出貼紙貼在下面適當位置。

做得好！

過馬路要小心！

做得好！

馬路如虎口，我們過馬路時千萬要小心！請看看下面四幅圖畫，圖中的人們做得對嗎？對的，請在◯內貼上 👍 貼紙。

1.

左右看清沒有車駛來，才過馬路

2.

綠燈閃動時，不開始過馬路

3.

在車輛之間穿插過馬路

4.

利用行人天橋過馬路

認識道路標誌

　　道路上有很多道路標誌標示道路的使用方法。你知道下面的指示應該用哪個道路標誌表示嗎？請參照例題，把相應的道路標誌貼紙貼在適當的虛線框內。

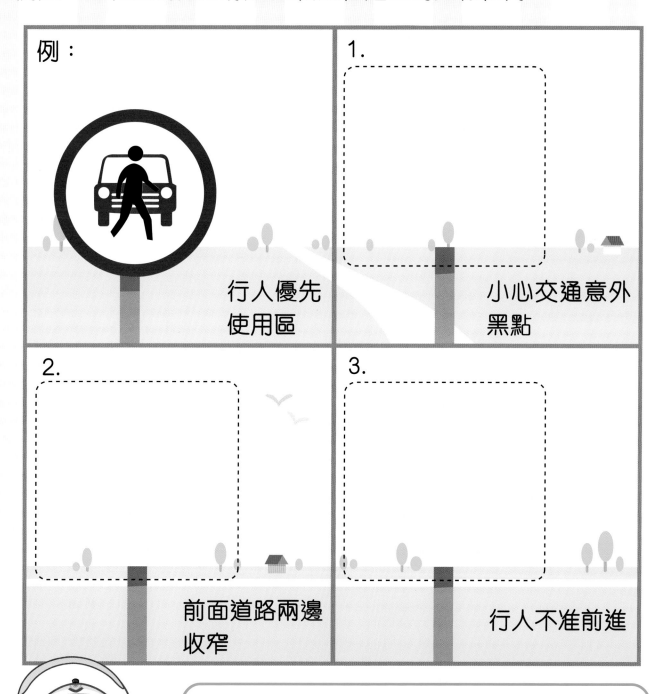

例：

行人優先
使用區

1.

小心交通意外
黑點

2.

前面道路兩邊
收窄

3.

行人不准前進

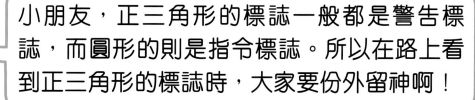

小朋友，正三角形的標誌一般都是警告標誌，而圓形的則是指令標誌。所以在路上看到正三角形的標誌時，大家要份外留神啊！

參考答案

P.6 - P.7
1, 3, 4, 5, 6

P.8
1, 2, 4, 5

P.9

P.10 - P.11

P.12
D → B → C → A

P.13

P.14
1. B　2. C　3. A

P.15
1. B　2. A　3. C

P.16 - P.17

P.20
1, 2, 4

P.21

22

Certificate

恭喜你！

_____ （姓名）完成了

小小夢想家貼紙遊戲書：

警察

如果你長大以後也想當警察，

就要繼續努力學習啊！

祝你夢想成真！

家長簽署：_____

頒發日期：_____